Die in den Sitzungsberichten Abt. I und Abt. II der math.-nat. Klasse der Österr. Akad. d. Wiss. erscheinenden Abhandlungen werden auch einzeln abgegeben. Sie können durch jede Buchhandlung oder direkt durch die Auslieferungsstelle der Österreichischen Akademie der Wissenschaften (Wien I, Singerstraße 12) bezogen werden.

Nachfolgende Abhandlungen aus den Fächern **Mathematik** und **Technik** sind erschienen:

1950 (1950) (S II a, Bd. 159):

Hohenberg F.: Zur Geometrie des Funkmeßbildes (mit 2 Abbildungen) 14 Seiten. S 12.40

Jarosch W.: Matrizenbänder, 14 Seiten. S 5.20

Schmid H.: Fehlertheorie der gegenseitigen Orientierung von Luftbildern und Zugrundelegung eines Orientierungspunktgitters (mit 13 Abbildungen), 31 Seiten. S 28.40

1951 (S II a, Bd. 160):

Hohenberg F.: Komplexe Erweiterung der gewöhnlichen Schraubenlinie (mit 1 Abbildung). 14 Seiten. S 7.80

Huber A.: Das Verhalten der Integrale der Gibbs-Duhem-Margules'schen Gleichung für binäre Gemische in der Umgebung ihrer festen singulären Stellen (mit 3 Abbildungen), 16 Seiten. S 10.50

Krames J.: Zur Geometrie der gegenseitigen Einpassung von Luftaufnahmen (mit 4 Abbildungen), 15 Seiten. S 7.—

Parkus H.: Wärmespannungen in Rotationsschalen mit drehsymmetrischer Temperaturverteilung (mit 1 Abbildung), 13 Seiten. S 7.50

Ströher W.: Zur projektiven Differentialgeometrie ebener Kurven, 8 Seiten. S 6.—

Wunderlich W.: Zur Differenzengeometrie der Flächen konstanter negativer Krümmung (mit 8 Abbildungen), 38 Seiten. S 16.—

1952 (S II a, Bd. 161):

Federhofer K.: Über die Eigenschwingungen der Kreiszylinderschale mit veränderlicher Wandstärke 16 Seiten. S 14.80

1953 (S IIa, Bd. 162):

Nöbauer W.: Über Gruppen von Restklassen nach Restpolynomidealen. S 19.40

Vietoris L.: Der Richtungsfehler einer durch das Adamssche Interpolationsverfahren gewonnenen Näherungslösung einer Gleichung $y' = f(x, y)$. S 8.80

Vietoris L.: Der Richtungsfehler einer durch das Adamssche Interpolationsverfahren gewonnenen Näherungslösung eines Systems von Gleichungen $y' = f_k(x, y_1, y_2 \ldots y_m)$. S 8.80

Wunderlich W.: Über die ebenen Loxodromen (mit 2 Abbildungen). S 6.30

1954 (S II, Bd. 163):

Federhofer K.: Die durch pulsierende Axialkräfte gedrückte Kreiszylinderschale. S 13.40

Raher W. und Selig F.: Die Verwendung der Motorsymbolik in der theoretischen Mechanik. S 17.80

1955 (S IIa, Bd. 164):

Federhofer K.: Zur Kinematik des Schleifkurvengetriebes (mit 5 Abbildungen). S 11.—

Ströher W.: Über einen gewissen Typus von Differentialinvarianten der projektiven und der apollonischen Gruppe der Ebene. S 28.40

Wunderlich W.: Doppelloxodromen mit schneidendem Achsenpaar (mit 6 Abbildungen). S 22.50

ISBN 978-3-662-24381-7   ISBN 978-3-662-26500-0 (eBook)
DOI 10.1007/978-3-662-26500-0

Das Hypernetz des R_4 und seine Darstellung nach dem Zweispurenprinzip

Von

H. Horninger, Leoben

(Mit 5 Textabbildungen)

(Vorgelegt in der Sitzung vom 27. Juni 1963)

Das Ziel der vorliegenden Untersuchungen ist die Beschreibung der räumlichen Verwandtschaft $\mathfrak{B}$, durch die das Hypernetz des projektiven vierdimensionalen Raumes — *die Gesamtheit der gemeinsamen Treffgeraden dreier fester Ebenen* — bei Anwendung des Zweispurenprinzips im Bildraum Σ dargestellt wird. $\mathfrak{B}$ erweist sich als eine *Cremona-Verwandtschaft dritten Grades*, die durch drei Paare perspektiv liegender Ebenenbüschel erzeugbar ist. Die Inzidenzelemente von $\mathfrak{B}$ sind die Punkte der Spurebene π und ein nicht in π liegender Punkt (das Bild des projizierenden Hypernetzstrahls). Die ordentlichen Hauptlinien jedes Bildsystems sind die dem System angehörigen *Bildspurgeraden der drei Festebenen* und der in π liegende *Spurkegelschnitt der Quadrik, die durch die ordentlichen Hauptgeraden des zweiten Systems bestimmt ist*. Die außerordentlichen Hauptgeraden beider Systeme sind *die Bildspurgeraden der Transversalebene der drei Ebenen*. Die Hessesche Fläche von $\mathfrak{B}$ besteht aus den *vier Quadriken, die durch je drei ordentliche Hauptlinien desselben Systems* definiert sind.

Gestützt auf die Eigenschaften der Verwandtschaft $\mathfrak{B}$ werden *die Hypernetzbilder von Punkten, Geraden und Ebenen charakterisiert*, d. h. die Bildspurelemente der Hypernetzstrahlen, die mit bestimmten

Punkten, Geraden oder Ebenen des R_4 inzident liegen. Das Hypernetzbild einer Geraden besteht i. a. aus *zwei perspektiv liegenden Raumkurven dritter Ordnung*, die bei geeignet gewählter Lage der Geraden in Kegelschnitte oder Gerade zerfallen. Das Hypernetzbild einer Ebene besteht i. a. aus *zwei perspektiv liegenden Flächen dritter Ordnung* und diese Flächen stellen zugleich *das Zweispurenbild der kubischen Hyperfläche dar, die von den gemeinsamen Treffgeraden von vier Ebenen gebildet wird*. Durch die verwendete Darstellungsmethode ergeben sich *die 27 Geraden einer kubischen Fläche* in einfacher und übersichtlicher Weise, wie die Abb. 5 erkennen läßt. Da die kubische Hyperfläche in engem Zusammenhang mit der Konfiguration steht, die durch *fünf assoziierte Ebenen* des R_4 bestimmt ist, so wird durch die abgeleiteten Beziehungen auch die *Darstellung von fünf Ebenen dieser Lage mittels des Zweispurenprinzips* geklärt.

1. Das durch drei Ebenen des R_4 bestimmte Hypernetz.

Drei Ebenen des projektiven vierdimensionalen Raums R_4, die gegeneinander allgemeine Lage einnehmen, haben paarweise je einen Punkt gemeinsam und diese drei Punkte sind voneinander verschieden. Wir setzen im folgenden stets drei Ebenen von dieser Lage voraus und bezeichnen sie durch α^0, β^0, γ^0; die Schnittpunkte $[\alpha^0\beta^0]$, $[\beta^0\gamma^0]$, $[\gamma^0\alpha^0]$ seien in dieser Reihenfolge $\bar{C}^0$, $\bar{A}^0$, $\bar{B}^0$ genannt.

Die gemeinsamen Treffgeraden der Ebenen α^0, β^0, γ^0 bilden eine dreiparametrige Mannigfaltigkeit $\mathfrak{M}^0$, deren Haupteigenschaften bekannt sind[1]. Wir bezeichnen $\mathfrak{M}^0$ kurz als *Hypernetz* und die Ebenen α^0, β^0, γ^0 als *Leitebenen* oder *Festebenen* von $\mathfrak{M}^0$; das Zweispurenbild eines speziellen Hypernetzes habe ich in einer früheren Arbeit beschrieben[2]. Jeder Hypernetzstrahl p^0 bildet mit jeder der drei Festebenen eine Hyperebene A^0, B^0, Γ^0 und ist daher die Schnittgerade der drei Hyperebenen. Durch jeden Punkt P^0 des R_4, der keiner Festebene an-

---

[1] Vgl. z. B. C. Segre: Alcune considerazioni elementari sull'incidenza di retti e piani nello spazio a quattro dimensioni; Rend. Circ. Mat. Palermo, Tom. II, 1888 (S. 45—52) oder H. Horninger: Über Treffprobleme im vierdimensionalen projektiven Raum; Revista mat. y fisica teoretica, Tucuman, Vol. XIII, 1960, S. 175—193.

[2] H. Horninger: Zweispurensysteme im projektiven vierdimensionalen Raum; Mh. f. Math., Wien, Bd. 65; 1961 (S. 236—248).

gehört, läuft *ein* Hypernetzstrahl p^0, nämlich die Schnittgerade der drei Hyperebenen, die P^0 mit den Ebenen $\alpha^0, \beta^0, \gamma^0$ verbinden. Jede Hyperebene Λ^0, die gegenüber den Festebenen allgemeine Lage hat, schneidet diese Ebenen nach je einer Geraden a^0, b^0, c^0; die in Λ^0 liegenden Hypernetzstrahlen sind die Erzeugenden der durch die Leitgeraden a^0, b^0, c^0 bestimmten *Quadrik* φ^0. Jede mit α^0 inzidente Hyperebene A^0 schneidet die Ebenen β^0, γ^0 nach je einer Geraden b_a^0, c_a^0; die in A^0 liegenden Hypernetzstrahlen bilden das *lineare Netz* $\mathfrak{N}_a^0$ mit den Leitlinien b_a^0, c_a^0. Jede mit β^0 inzidente Hyperebene B^0 schneidet A^0 in einer *Transversalebene* τ^0 von α^0, β^0 und die Ebenen γ^0, α^0 nach je einer Geraden c_b^0, a_b^0; die in B^0 befindlichen Strahlen von $\mathfrak{M}^0$ bilden das lineare Netz $\mathfrak{N}_b^0$ mit den Leitlinien c_b^0, a_b^0. Die Hypernetzstrahlen, die *beiden* Hyperebenen angehören, liegen in τ^0 und sind die gemeinsamen Strahlen der Netze $\mathfrak{N}_a^0, \mathfrak{N}_b^0$. Die Geraden a_b^0, b_a^0 sind gleichfalls in der Ebene τ^0 enthalten und schneiden einander daher *im Punkt* $\overline{C}^0$. Die Geraden c_a^0, c_b^0 liegen in γ^0 und treffen einander demnach in einem Punkte P^0. Da dieser Punkt auch den Hyperebenen A^0, B^0 angehört, so liegt er in τ^0; er stellt also *den Schnittpunkt* $[\gamma^0 \tau^0]$ dar. Die in τ^0 befindlichen Hypernetzstrahlen bilden *das Büschel mit dem Scheitel* P^0; jede mit γ^0 inzidente Hyperebene Γ^0 schneidet τ^0 nach einem Strahl p^0 des Büschels. Da die Transversalebenen von α^0, β^0 eine zweiparametrige Mannigfaltigkeit bilden (einen *Hyperkegel mit dem Scheitel* $\overline{C}^0$), so kann das Hypernetz M^0 (auf dreifache Weise) *aus ∞^2 Strahlbüscheln aufgebaut werden, die den Transversalebenen zweier Festebenen angehören und deren Scheitel in der dritten Festebene liegen*.

Die Ebene $\bar{\alpha}^0$ des Dreiecks $\overline{A}^0\overline{B}^0\overline{C}^0$ ist *die gemeinsame Transversalebene der drei Festebenen*; sie schneidet diese Ebenen in den Seiten $\bar{a}^0, \bar{b}^0, \bar{c}^0$ des Dreiecks. Alle in $\bar{\alpha}^0$ liegenden Geraden sind Hypernetzstrahlen und eine willkürliche, mit $\bar{\alpha}^0$ inzidente Hyperebene enthält außer dem Strahlfeld $\bar{\alpha}^0$ keine weiteren Hypernetzstrahlen. Die Hyperebene $\overline{\Gamma}^0$, die $\bar{\alpha}^0$ mit der Festebene γ^0 verbindet, enthält außer dem Strahlfeld $\bar{\alpha}^0$ noch ein *Bündel* von Hypernetzstrahlen; der Bündelscheitel ist $\overline{C}^0$.

2. Das Zweispurenbild des Hypernetzes. Um das Hypernetz M^0 nach dem Zweispurenprinzip des R_4 darzustellen, denken wir zwei

Hyperebenen Σ_1^0, Σ_2^0, die gegenüber den Ebenen α^0, β^0, γ^0 allgemeine Lage besitzen, als *Spurhyperebenen* gewählt und diese aus einem mit ihnen nicht inzident liegenden Punkt Z^0 des R_4 auf den dreidimensionalen Darstellungsraum Σ projiziert; die Zentralrisse der in den beiden Hyperebenen liegenden Punkte, Gerade und Ebenen bilden in Σ *zwei kollokale*

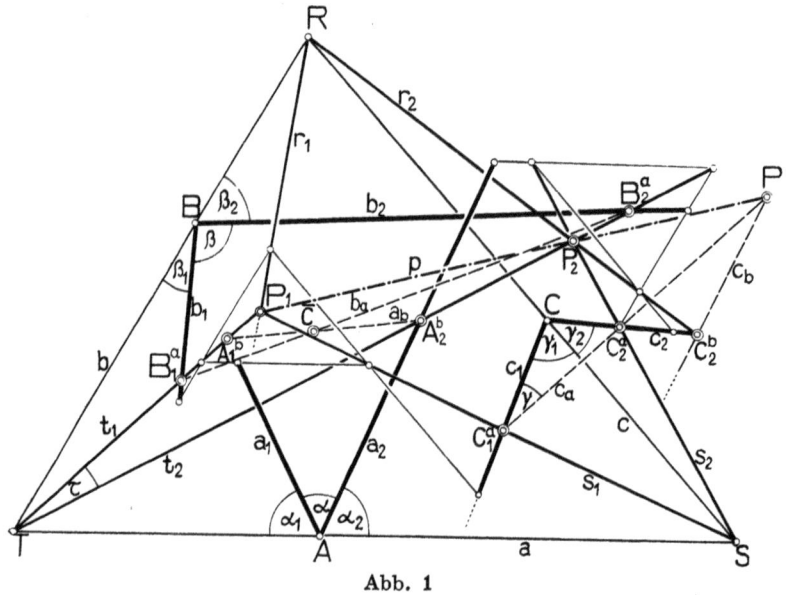

Abb. 1

räumliche Systeme Σ_1, Σ_2[3]. Die Festebene α^0 schneidet die Hyperebenen Σ_1^0, Σ_2^0 in zwei Geraden a_1^0, a_2^0, die einander in einem Punkt A^0 der Schnittebene von Σ_1^0, Σ_2^0 (der *Raumspurebene* π^0) treffen. Das Zweispurenbild von α^0 besteht daher aus zwei Geraden a_1, a_2 des Bildraums, die einander in einem Punkt A der — als Zeichenebene gewählten — *Bildspurebene* π schneiden und in derselben Weise werden die Ebenen β^0, γ^0 durch zwei Geradenpaare b_1, b_2 und c_1, c_2 dargestellt, die einander in je einem Punkt B, C von π treffen. Die Ebenen $\alpha = a_1 a_2$, $\beta = b_1 b_2$, $\gamma = c_1 c_2$ sind die in Σ liegenden *Zentralrisse* der Ebenen α^0, β^0, γ^0 (Abb. 1). Zur Darstellung des Bildraums verwenden wir stets

---

[3] Vgl. die in Fußn. 2 zit. Abh., Nr. 1.

ein Zweispurensystem des R_3, bei dem jede Gerade von Σ durch ihren Spurpunkt mit π und den in π liegenden Normalriß ihres Schnittpunktes mit einer festen, zu π parallel gewählten Schichtenebene abgebildet (die Punkte von π und die Schichtenpunkte werden durch einfache Nullenkreise dargestellt, Punkte allgemeiner Lage durch Doppelkreise). Das Zweispurenbild jeder durch α^0 laufenden Hyperebene A^0 besteht aus zwei Ebenen α_1, α_2 der Büschel a_1, a_2, die einander in einer durch A laufenden Geraden a von π schneiden. Zwei Gerade oder Ebenen des Bildraums, die einander in einem Punkt bzw. einer Geraden von π treffen, seien kurz *perspektiv* genannt.

Da jeder Strahl p^0 des Hypernetzes $\mathfrak{M}^0$ durch den Schnitt dreier Hyperebenen A^0, B^0, Γ^0 entsteht, deren jede einem der Büschel α^0, β^0, γ^0 angehört, so ergibt sich sein Bildspurpunkt P_1 durch den Schnitt dreier Ebenen α_1, β_1, γ_1, deren jede einem der Büschel a_1, b_1, c_1 angehört; der zweite Bildspurpunkt von p^0 ist der Schnittpunkt P_2 der Ebenen α_2, β_2, γ_2 der Büschel a_2, b_2, c_2, die den Ebenen α_1, β_1, γ_1 perspektiv zugeordnet sind. Die Punkte P_1, P_2 sind die Scheitel der von den Ebenentripeln $\alpha_1\beta_1\gamma_1$, $\alpha_2\beta_2\gamma_2$ gebildeten Pyramiden; die Spuren a, b, c der Ebenenpaare bilden die in π liegende Basis beider Pyramiden[4]. Die perspektiv liegenden Kantenpaare der Pyramiden sind *die Bildspuren der Transversalebenen* ρ^0, σ^0, τ^0 *von je zwei der drei Festebenen*. Die Ebene τ^0 wird durch die Geraden $t_1 = [\alpha_1\beta_1]$, $t_2 = [\alpha_2\beta_2]$ dargestellt; die Bildspuren der Transversalebenen ρ^0, σ^0 von β^0, γ^0 bzw. γ^0, α^0 sind die Geradenpaare r_1, r_2 bzw. s_1, s_2. Die in π liegenden Spurpunkte der Geraden sind die Eckpunkte R, S, T des Dreiecks abc. Die Geraden r_1, s_1, t_1 schneiden einander in P_1; der Schnittpunkt von r_2, s_2, t_2 ist P_2. Die Gerade $p = P_1P_2$ stellt den im Bildraum liegenden *Zentralriß des Hypernetzstrahls* p^0 dar.

Betrachtet man den Punkt P_1 als gegeben, so ist P_2 eindeutig bestimmt, da den drei Ebenen $\alpha_1 = P_1a_1$, $\beta_1 = P_1b_1$, $\gamma_1 = P_1c_1$ je eine Ebene α_2, β_2, γ_2 der Büschel a_2, b_2, c_2 perspektiv zugewiesen wird. Die Bildspurpunkte P_1, P_2 der Hypernetzstrahlen p^0 werden einander also durch *eine umkehrbar eindeutige Verwandtschaft* $\mathfrak{V}$ des Bildraumes zugeordnet. Jede geometrische Verwandtschaft, bei der einander zuge-

---

[4] Vgl. Satz 5 der in Fußn. 2 zit. Abh.

ordnete Punkte in einander entsprechenden Ebenen dreier Paare projektiver Büschel liegen, ist bekanntlich *eine Cremona-Verwandtschaft dritten Grades*[5]. Die Verwandtschaft $\mathfrak{V}$ stellt daher einen speziellen Typus einer solchen Transformation dar; da jeder Punkt von π sich in $\mathfrak{V}$ selbst entspricht, so ist π *die Inzidenzebene von* $\mathfrak{V}$.

Das lineare Netz $\mathfrak{N}_a{}^0$, das von den in der Hyperebene A^0 liegenden Hypernetzstrahlen gebildet wird, besitzt nach Nr. 1 die Geraden $b_a{}^0$, $c_a{}^0$, in denen A^0 die Ebenen β^0, γ^0 schneidet, zu Leitlinien. Das Netz wird durch das Zweispurenprinzip auf die *quadratische Verwandtschaft* $\mathfrak{V}_a$ abgebildet, die das in Σ liegende Bildnetz $\mathfrak{N}_a$ zwischen den Ebenen α_1, α_2 hervorruft[6]. Die Inzidenzspur von $\mathfrak{V}_a$ ist die Gerade a; die nicht auf a liegenden Hauptpunkte von $\mathfrak{V}_a$ sind die Schnittpunkte $B_1{}^a$, $C_1{}^a$ von α_1 mit b_1, c_1 und die Schnittpunkte $B_2{}^a$, $C_2{}^a$ von α_2 mit b_2, c_2. Die Punkte $B_1{}^a$, $C_1{}^a$ und $B_2{}^a$, $C_2{}^a$ ergeben sich im Bild unmittelbar im Schnitt der Geradenpaare b_1, t_1; c_1, s_1 bzw. b_2, t_2; c_2, s_2. In derselben Weise wird das Netz $\mathfrak{N}_b{}^0$ der in $\overline{B}^0$ liegenden Hypernetzstrahlen durch die quadratische Verwandtschaft $\mathfrak{V}_b$ dargestellt, die das durch die Leitgeraden c_b, a_b bestimmte Netz $\mathfrak{N}_b$ zwischen den in β_1, β_2 befindlichen Punktfeldern bewirkt; die zuletzt genannten Geraden sind durch ihre auf c_1, r_1 und a_1, t_1 bzw. c_2, r_2 und a_2, t_2 liegenden Punkte $C_1{}^b$, $A_1{}^b$ und $C_2{}^b$, $A_2{}^b$ bestimmt. Der Schnittpunkt P der Geraden c_a, c_b liegt auf p; die Perspektivität, die das Büschel P der Ebene $\tau = t_1 t_2$ zwischen den auf t_1, t_2 liegenden Punktreihen hervorruft, ist *das Zweispurenbild des in* τ^0 *liegenden Hypernetzstrahlbüschels* P^0. Die Bildspurpunkte P_1, P_2 von p^0 stellen ein Paar der Perspektivität dar.

Jede Transversalebene τ^0 der Ebenen α^0, β^0 wird durch das Zweispurenprinzip auf zwei perspektiv liegende gemeinsame Treffgerade t_1, t_2 von a_1, b_1 bzw. a_2, b_2 abgebildet; die Bildspurgeraden der so definierten ∞^2 Ebenen erfüllen daher die beiden *Netze* $\mathfrak{N}_1$, $\mathfrak{N}_2$ mit den Leitgeraden a_1, b_1 bzw. a_2, b_2. Da alle diese Ebenen durch den Schnittpunkt $\overline{C}^0$ der Ebenen α^0, β^0 laufen und jeder Punkt des R_4 beim Zweispurenprinzip durch *eine perspektive Raumkollineation mit der Inzidenz-*

---

[5] Vgl. z. B. Enz. d. math. Wiss. III C 11; Nr. 81.
[6] Vgl. Satz 3 der in Fußn. 2 zit. Abh.

ebene π *dargestellt wird*[7], so entsprechen die Netze $\mathfrak{N}_1$, $\mathfrak{N}_2$ einander *auch in der Kollineation, die den Punkt* $\overline{C^0}$ *darstellt*. Das Zentrum der Kollineation ist der Zentralriß von $\overline{C^0}$, also der Schnittpunkt $\overline{C}$ der Geraden a_b, b_a; die Zentralrisse der genannten Ebenen bilden im Raum Σ das Ebenenbündel mit dem Scheitel $\overline{C}$. Die Scheitel der Strahlbüschel, die den Zentralriß der in den Ebenen liegenden Hypernetzstrahlbüschel bilden, liegen in der Ebene γ. Die Punktepaare der Verwandtschaft $\mathfrak{V}$ lassen sich daher (in dreifacher Weise) mittels ∞^2 *Paaren perspektiver Punktreihen definieren, deren Trägergerade einander entsprechende Strahlen zweier perspektiv kollinearer Netze sind und deren Zentren einer festen Ebene angehören.*

Die projizierenden (d. h. durch das Abbildungszentrum Z^0 laufenden) Hyperebenen der Büschel α^0, β^0, γ^0 werden in beiden Spurenbildern auf die Ebenen $\alpha = a_1 a_2$, $\beta = b_1 b_2$, $\gamma = c_1 c_2$ abgebildet; die in π liegenden Spuren a, b, c der Ebenen bilden das Spurendreieck RST der Pyramide $\alpha \beta \gamma = rst$ (Abb. 2). Die Kanten der Pyramide stellen die *projizierenden Transversalebenen* von je zwei der drei Festebenen dar, im Scheitel F der Pyramide sind die Bildspurpunkte des *projizierenden Hypernetzstrahls* vereinigt. Die Verwandtschaft $\mathfrak{V}$ ruft zwischen den Punktfeldern, die einer Seitenfläche der Pyramide angehören, eine *kollokale Netzperspektivität* und zwischen den Punktreihen, die auf einer Kante der Pyramide liegen, eine *Projektivität* hervor. Ein Doppelpunkt der Projektivität liegt in π, der zweite ist F; dieser Punkt stellt somit *den einzigen, nicht in* π *liegenden Inzidenzpunkt von* $\mathfrak{V}$ *dar*.

Die *gemeinsame Transversalebene* $\bar{\alpha}^0$ der Ebenen α^0, β^0, γ^0 trifft diese Ebenen in den Seiten $\bar{a}^0$, $\bar{b}^0$, $\bar{c}^0$ des Dreiecks $\overline{A^0} \overline{B^0} \overline{C^0}$ (Nr. 1). Die erste Bildspurgerade von $\bar{\alpha}^0$ ist daher eine gemeinsame Treffgerade $\bar{a}_1$ der Geraden a_1, b_1, c_1; die zweite Bildspurgerade ist die mit $\bar{a}_1$ perspektiv liegende gemeinsame Treffgerade $\bar{a}_2$ der Geraden a_2, b_2, c_2. Die durch a_1, b_1, c_1 bzw. a_2, b_2, c_2 bestimmten Quadriken φ_1, φ_2 schneiden die Spurebene π in zwei durch k_2 bzw. k_1 bezeichneten Kegelschnitten, die einander in den Spurpunkten A, B, C der Geraden treffen. Die Ebene $\bar{\alpha}^0$ wird daher *durch die Erzeugenden* $\bar{a}_1$, $\bar{a}_2$ *der beiden Quadriken dargestellt, die mit dem von* A, B, C *verschiedenen Schnittpunkt* $\overline{A}$ *der*

---

[7] Vgl. Satz 1 der in Fußn. 2 zit. Abh.

Kegelschnitte k_1, k_2 inzident sind. Die Geraden $\bar{a}_1$, $\bar{a}_2$ können nach den elementaren Methoden der darstellenden und projektiven Geometrie festgelegt werden (indem man z. B. die durch die Punkte A, B, C laufenden Erzeugenden der Quadriken darstellt, mit Hilfe derselben die

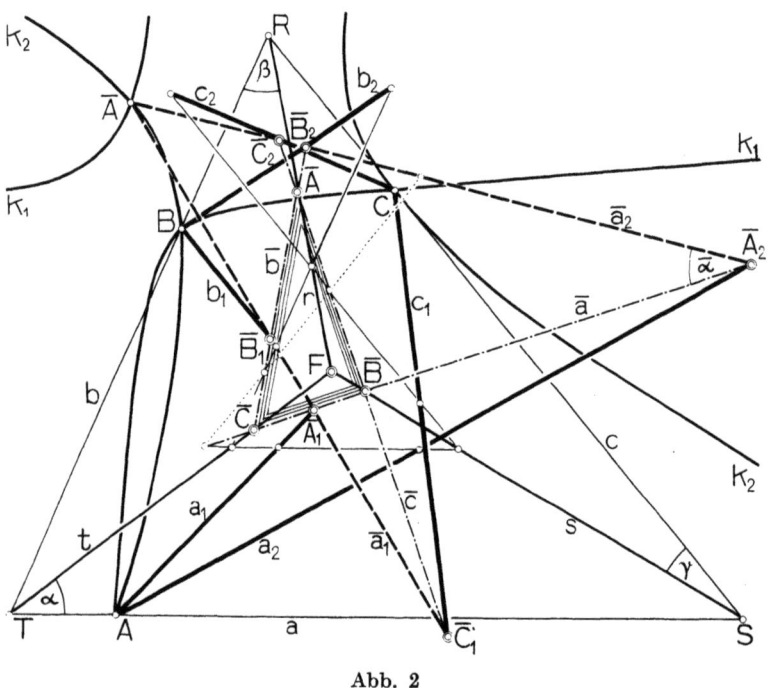

Abb. 2

mit A, B, C inzidenten Tangenten der Kegelschnitte konstruiert und den Punkt $\bar{A}$ mittels des gemeinsamen Poldreiecks von k_1, k_2 bestimmt; diese Hilfskonstruktionen sind in Abb. 2 nicht eingetragen). Die Geraden $\bar{a}^0$, $\bar{b}^0$, $\bar{c}^0$ werden im ersten Spurenbild durch die Punkte $\bar{A}_1$, $\bar{B}_1$, $\bar{C}_1$ dargestellt, in denen $\bar{a}_1$ die Geraden a_1, b_1, c_1 schneidet; ihre zweiten Spurenbilder sind die Schnittpunkte $\bar{A}_2$, $\bar{B}_2$, $\bar{C}_2$ von $\bar{a}_2$ mit a_2, b_2, c_2. Die Geraden $\bar{a} = \bar{A}_1 \bar{A}_2$, $\bar{b} = \bar{B}_1 \bar{B}_2$, $\bar{c} = \bar{C}_1 \bar{C}_2$ sind die Zentralrisse der Geraden $\bar{a}^0$, $\bar{b}^0$, $\bar{c}^0$; die Ecken $\bar{A}$, $\bar{B}$, $\bar{C}$ des von ihnen gebildeten Dreiecks sind daher *die Zentralrisse der Punkte* $\bar{A}^0$, $\bar{B}^0$, $\bar{C}^0$. Damit sind diese Punkte auf eine *für das Zweispurenprinzip charakteristische Art und Weise* festgelegt. Da das Dreieck $\overline{ABC}$ zugleich den Schnitt der Ebene $\bar{\alpha} = \bar{a}_1 \bar{a}_2$ mit der Pyramide rst bildet, so liegen seine Eckpunkte *auf den Kanten dieser Pyramide*. Die Hyperebene $\bar{\Gamma}^0$, die $\bar{\alpha}^0$ mit der Ebene γ^0 verbindet, wird durch die perspektiv liegenden Ebenen $\bar{a}_1 c_1$, $\bar{a}_2 c_2$ dargestellt; die in $\bar{\Gamma}^0$ befindlichen Hypernetzstrahlen bilden nach Nr. 1 das *Feld* der Ebene $\bar{\alpha}^0$ und das *Bündel* mit dem Scheitel $\bar{C}^0$. Jeder Strahl des Feldes wird im ersten Spurenbild durch einen Punkt von $\bar{a}_1$, im zweiten durch einen Punkt von $\bar{a}_2$ dargestellt; das Bündel wird auf die *perspektive Kollineation* abgebildet, die das Strahlbündel $\bar{C}$ des Bildraums zwischen den in $\bar{a}_1 c_1$, $\bar{a}_2 c_2$ liegenden Punktfeldern hervorruft.

Jeder Punkt H_1, dem durch die Verwandtschaft $\mathfrak{V}$ alle Punkte einer *Geraden* h_2 zugewiesen werden, stellt einen *Hauptpunkt* von $\mathfrak{V}$ dar; h_2 ist der entsprechende *Hauptstrahl*. Die Hauptpunkte einer kubischen Cremona-Verwandtschaft bilden in jedem System eine (zerfallende) *Kurve 6. Ordnung*, die Hauptstrahlen eine (zerfallende) *Fläche 8. Ordnung*, die sog. *Hessesche Fläche* der Verwandtschaft[5]. Im Falle der Verwandtschaft $\mathfrak{V}$ besteht die Hauptkurve des Systems Σ_1 aus den *Geraden* a_1, b_1, c_1, $\bar{a}_1$ und dem Spurkegelschnitt k_1 der Quadrik $\varphi_2 = a_2 b_2 c_2$; die Hauptkurve von Σ_2 besteht aus a_2, b_2, c_2, $\bar{a}_2$ und dem Spurkegelschnitt k_2 der Quadrik $\varphi_1 = a_1 b_1 c_1$. Jedem Punkt H_1 der Geraden a_1 sind in $\mathfrak{V}$ alle Punkte der gemeinsamen Treffgeraden h_2 von b_2, c_2 zugeordnet, die mit der durch H_1 laufenden Erzeugenden von φ_1 perspektiv liegt; h_2 ist eine Erzeugende der durch b_2, c_2, k_2 bestimmten Quadrik $\varphi_2{}^a$. In analoger Weise sind den Punkten der Geraden b_1, c_1 die Erzeugenden der durch c_2, a_2, k_2 bzw. a_2, b_2, k_2 definierten Quadriken $\varphi_2{}^b$, $\varphi_2{}^c$ zugewiesen. Jedem Punkt der Geraden $\bar{a}_1$ entsprechen in $\mathfrak{V}$ alle Punkte von $\bar{a}_2$; jedem Punkt von k_1 ist die mit ihm inzident liegende Erzeugende von φ_2 zugeordnet. Die Geraden a_1, b_1, c_1 und der Kegelschnitt k_1 sind *ordentliche Hauptlinien*, $\bar{a}_1$ ist eine *außerordentliche Hauptlinie* von $\mathfrak{V}$ und Entsprechendes gilt für die Hauptlinien des zweiten Systems. Die Quadriken φ_2, $\varphi_2{}^a$, $\varphi_2{}^b$, $\varphi_2{}^c$ sind die *Hauptflächen von* Σ_2; die in analoger Weise definierten Quadriken φ_1, $\varphi_1{}^a$, $\varphi_1{}^b$, $\varphi_1{}^c$ sind die Hauptflächen des ersten Systems.

Zusammenfassend gilt somit

Satz 1: *Das durch drei Ebenen des projektiven Raums R_4 bestimmte Hypernetz wird durch das Zweispurenprinzip auf eine kubische Cremona-Verwandtschaft $\mathfrak{V}$ abgebildet. Die Inzidenzelemente von $\mathfrak{V}$ sind die Punkte der Spurebene π und der Scheitel der Pyramide, deren Seitenflächen die im Bildraum liegenden Zentralrisse der drei Ebenen sind. Die ordentlichen Hauptlinien jedes Systems sind die Bildspurgeraden der Festebenen und der in π liegende Spurkegelschnitt der von den ordentlichen Hauptgeraden des anderen Systems gebildeten Quadrik; die außerordentlichen Hauptlinien sind die Bildspurgeraden der gemeinsamen Transversalebene der drei Festebenen. Die Hauptflächen jedes Systems sind die vier Quadriken, die je drei ordentliche Hauptlinien desselben Systems enthalten.*

Jeder algebraischen Kurve n-ter Ordnung c_1 des Systems Σ_1, die keinen Hauptpunkt trägt, entspricht in $\mathfrak{V}$ i. a. *eine algebraische Raumkurve $3\,n$-ter Ordnung c_2, die die vier ordentlichen Hauptlinien von Σ_2 in je $2\,n$ Punkten trifft*. Wenn c_1 die ordentlichen Hauptlinien von Σ_1 in insgesamt r Punkten schneidet, so zerfällt die c_1 entsprechende Kurve in r *Hauptstrahlen und eine algebraische Kurve $(3\,n - r)$-ter Ordnung c_2, die die ordentlichen Hauptlinien von Σ_2 in insgesamt $8\,n - 3\,r$ Punkten trifft*. Jeder Schnittpunkt von c_1 mit der außerordentlichen Hauptgeraden $\bar{a}_1$ vermindert die Ordnung von c_2 um eine Einheit und bewirkt zugleich einen Schnittpunkt von c_2 mit $\bar{a}_2$.

3. Die Hypernetzbilder von Punkten. Durch jeden Punkt P^0 des R_4, der gegenüber den Festebenen α^0, β^0, γ^0 allgemeine Lage besitzt, läuft nach Nr. 1 ein bestimmter Hypernetzstrahl p^0 und dieser Strahl wird durch das Zweispurenprinzip gemäß Nr. 2 auf ein Punktepaar P_1, P_2 der kubischen Verwandtschaft $\mathfrak{V}$ abgebildet. Da der Punkt P^0 beim Zweispurenprinzip durch eine *perspektive Raumkollineation* $\mathfrak{P}$ dargestellt wird, so bilden die Punkte P_1, P_2 *das gemeinsame Paar der Verwandtschaften $\mathfrak{P}$, $\mathfrak{V}$*; wir bezeichnen sie als *erstes und zweites Hypernetzbild von P^0*.

Wenn die Verwandtschaft $\mathfrak{V}$ durch die perspektiv liegenden Geradenpaare a_1, a_2; b_1, b_2; c_1, c_2 und die Kollineation $\mathfrak{P}$ durch ihr Zentrum P, die Inzidenzebene π und ein Punktepaar G_1, G_2 gegeben ist, so findet man die Punkte P_1, P_2 auf die in Abb. 3 dargestellte Art und Weise:

Die Gerade $g = G_1 G_2$ ist durch ihren Spurpunkt G und ihren Schichtenpunkt G_2 gegeben; die Raumlage der Punkte G_1, P ist nach Wahl der Schichthöhe bestimmt. Die Punkte P_1, P_2 ergeben sich als Scheitel zweier perspektiv liegender Pyramiden, deren Seitenflächen einander in $\mathfrak{V}$ zugeordnete, kollineare Ebenenpaare α_1, α_2; β_1, β_2; γ_1, γ_2 sind.

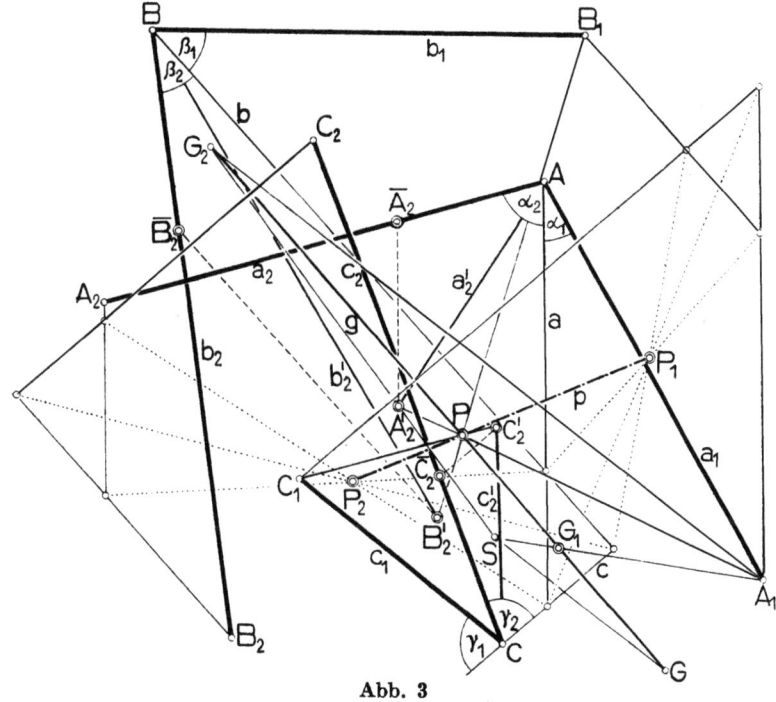

Abb. 3

Die Ebene α_2 enthält a_2 und die a_1 kollinear entsprechende Gerade a_2'; letztere verbindet den Spurpunkt A von a_1 mit dem Punkt A_2', der dem Schichtenpunkt A_1 von a_1 in der Kollineation zugeordnet ist. Der Spurpunkt S der Geraden $A_1 G_1$ gehört der Spur $G/\!/A_1 G_2$ der Ebene $A_1 g$ an; A_2' ist der Schnittpunkt der Geraden $A_1 P$, $G_1 S$. Der mit A_2' gleich hoch liegende Punkt $\bar{A}_2$ der Geraden a_2 ergibt in Verbindung mit A_2' eine Hauptlinie von α_2; bezeichnet A_2 den Schichtenpunkt von a_2, so ist $\bar{A}_2$ durch die Gleichheit der Teilverhältnisse $(A A_2 \bar{A}_2)$, $(S G_2 A_2')$ darstellbar. Die Spur a der Ebenen α_1, α_2 verläuft durch den

Punkt A parallel zu $A_2'\bar{A}_2$; die Schichtenlinien beider Ebenen sind die Geraden $A_1 // a$ und $A_2 // a$. Die Spuren b, c und die Schichtenlinien $B_1 // b$, $B_2 // b$; $C_1 // c$, $C_2 // c$ der Ebenen β_1, β_2 und γ_1, γ_2 ergeben sich in derselben Weise; die Scheitel der durch die Ebenentripel $\alpha_1 \beta_1 \gamma_1$, $\alpha_2 \beta_2 \gamma_2$ bestimmten Pyramiden sind die Bildspurpunkte P_1, P_2 von p^0. Die Gerade $p = P_1 P_2$ ist ein Kollineationsstrahl und zugleich der im Bildraum liegende Zentralriß von p^0.

Mit jedem Punkt P^0, der in einer *Festebene* liegt, sind nach Nr. 1 alle Strahlen des *Büschels* P^0 inzident, das der durch P^0 laufenden Transversalebene der beiden anderen Festebenen angehört; liegt P^0 etwa in γ^0, so gehört das Büschel der mit P^0 inzidenten Transversalebene τ^0 von α^0, β^0 an. Die Kollineation, die den Punkt P^0 darstellt, ist durch ihr in der Ebene $\gamma = c_1 c_2$ liegendes Zentrum P, die Inzidenzebene π und das Geradenpaar c_1, c_2 gegeben; die Bildspurgeraden von τ^0 sind die einander kollinear entsprechenden Strahlen t_1, t_2 der durch die Leitgeraden a_1, b_1 bzw. a_2, b_2 bestimmten Netze $\mathfrak{N}_1$, $\mathfrak{N}_2$ (vgl. Abb. 1). Die Hypernetzbilder von P^0 sind die Punktepaare P_1, P_2 der *Perspektivität*, die das Büschel P der Ebene $\tau = t_1 t_2$ zwischen den auf den Geraden t_1, t_2 liegenden Punktreihen hervorruft. Jeder Punkt, der in der gemeinsamen Transversalebene $\bar{\alpha}^0$ von α^0, β^0, γ^0 liegt, wird durch eine Perspektivität zwischen den *auf $\bar{a}_1$, $\bar{a}_2$ liegenden Punktreihen* abgebildet. Jeder Punkt P_1^0, der in der Spurhyperebene Σ_1^0 liegt, besitzt i. a. seinen Zentralriß P_1 zum ersten Hypernetzbild; sein zweites Hypernetzbild ist der P_1 in $\mathfrak{P}$ zugeordnete Punkt P_2. Liegt P_1^0 jedoch *auf der Quadrik* φ_1^0, die die in Σ_1^0 liegenden Geraden a_1^0, b_1^0, c_1^0 der Ebenen α^0, β^0, γ^0 enthält, so besteht das erste Hypernetzbild von P_1^0 aus der mit P_1 inzident liegenden *Erzeugenden p_1 der Hauptquadrik* φ_1 von $\mathfrak{P}$; das zweite Hypernetzbild ist der in π liegende Spurpunkt dieser Geraden.

Somit gilt

Satz 2: *Wird das durch drei Ebenen des R_4 bestimmte Hypernetz nach dem Zweispurenprinzip und jeder Punkt P^0 des R_4 mittels des ihn tragenden Hypernetzstrahls p^0 abgebildet, so stellen die Bildspurpunkte von p^0 zugleich die Hypernetzbilder von P^0 dar. Die Hypernetzbilder aller Punkte, die einer Festebene des Hypernetzes oder deren gemeinsamen Transversalebene angehören, erfüllen zwei perspektive Punktreihen. Jeder Punkt der Quadrik, die die Schnittgeraden der Festebenen mit einer Spur-*

hyperebene enthält, besitzt einen Hauptstrahl des einen Systems und den mit ihm inzidenten Hauptpunkt des andern Systems zu Hypernetzbildern.

4. Die Hypernetzbilder von Geraden. Die Hypernetzstrahlen, die *eine Gerade allgemeiner Lage* g^0 des R_4 treffen, bilden bekanntlich eine *Strahlschar dritten Grades* ψ^0, die keinem linearen Unterraum des R_4 angehört[8]. Durch jeden Punkt P^0 von g^0 läuft eine Erzeugende der Schar, nämlich der mit P^0 inzidente Hypernetzstrahl p^0. Jede Hyperebene Λ^0, die weder eine der Festebenen α^0, β^0, γ^0 noch die Gerade g^0 enthält, schneidet die Hyperebenenbüschel α^0, β^0, γ^0 in den paarweise projektiv aufeinander bezogenen Ebenenbüscheln, deren Achsen die in Λ^0 liegenden Geraden a^0, b^0, c^0 der Ebenen α^0, β^0. γ^0 sind. Das Erzeugnis der Projektivitäten ist die *Raumkurve dritter Ordnung* g_s^0, in der die Schar ψ^0 die Hyperebene Λ^0 trifft; die Geraden a^0, b^0, c^0 sind Bisekanten von g_s^0. Jede Hyperebene, die durch eine Festebene läuft, enthält *eine Erzeugende von* ψ^0, nämlich den Hypernetzstrahl, der den in der Hyperebene liegenden Punkt von g^0 trägt. Jede Hyperebene, die mit g^0 inzident liegt, schneidet die Ebenen α^0, β^0, γ^0 nach je einer Geraden a^0, b^0, c^0 und enthält daher *zwei Erzeugende von* ψ^0, nämlich die gemeinsamen Treffgeraden der vier Geraden a^0, b^0, c^0, g^0.

Wenn die Gerade g^0 den Spurhyperebenen Σ_1^0, Σ_2^0 nicht angehört, so schneidet die Schar ψ^0 diese Hyperebenen nach zwei Raumkurven dritter Ordnung g_1^0, g_2^0, die einander in drei Punkten der Spurebene σ^0 treffen. Das Zweispurenbild von g^0 besteht daher aus *zwei perspektiv liegenden Raumkurven dritter Ordnung* g_1, g_2; die Geraden a_1, b_1, c_1 sind Bisekanten von g_1, die Geraden a_2, b_2, c_2 sind Bisekanten von g_2. Die auf g_1, g_2 liegenden Punktreihen werden einander durch die Verwandtschaft $\mathfrak{V}$ *projektiv* zugeordnet; die in π liegenden Punkte beider Kurven entsprechen einander hiebei selbst. Dies steht in Einklang mit dem am Schluß von Nr. 2 beschriebenen Zusammenhang, nach dem jeder Raumkurve dritter Ordnung, die die Geraden a_1, b_1, c_1 zu Bisekanten hat, in $\mathfrak{V}$ eine Raumkurve dritter Ordnung entspricht, die die Geraden a_2, b_2, c_2 zu Bisekanten besitzt ($n = 3$, $r = 6$). Jedes Punktepaar P_1, P_2 der Projektivität stellt einen auf ψ^0 liegenden Hypernetzstrahl p^0 dar; da die beiden Punkte nach Nr. 3 zugleich das Hypernetz-

---
[8] Vgl. z. B. meine in Fußn. 1 zit. Abh., Nr. 6.

bild des Punktes $P^0 = [g^0\, p^0]$ sind, so stellen die Kubiken g_1, g_2 *das Hypernetzbild der Geraden g^0 dar*. Die Strahlschar ψ^0 enthält außer g^0 keine Gerade, die alle Erzeugenden der Schar schneidet; die Beziehung zwischen g^0 und den Kubiken g_1, g_2 ist daher umkehrbar eindeutig.

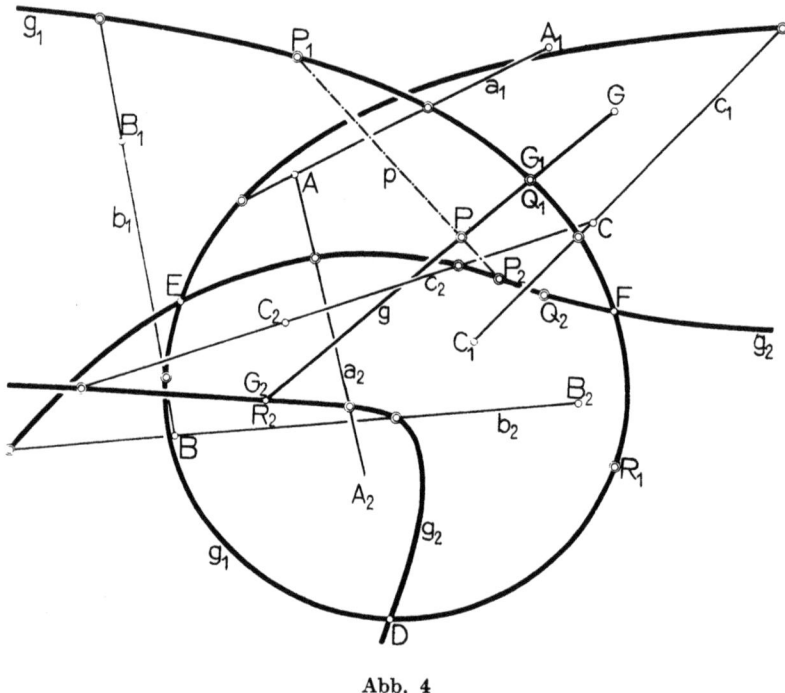

Abb. 4

Satz 3: *Die sechsparametrige Mannigfaltigkeit der Geraden des R_4 läßt sich umkehrbar eindeutig auf die gleichfalls sechsparametrige Mannigfaltigkeit der Kubiken des Bildraums beziehen, die die ordentlichen Hauptgeraden ihrer Systeme zu Bisekanten haben.*

Wenn die Verwandtschaft $\mathfrak{B}$ durch die perspektiv liegenden Geradenpaare a_1, a_2; b_1, b_2; c_1, c_2 und die Gerade g^0 durch ihre Bildspurpunkte G_1, G_2 gegeben ist, so findet man die Kubiken g_1, g_2 in folgender Weise (Abb. 4): Ein Punkt der Kubik g_1 ist G_1, ein Punkt von g_2 ist G_2; in Abb. 4 ist G_2 als Schichtenpunkt gewählt, die Raumlage von G_1 ist durch den Spurpunkt G der Geraden $g = G_1 G_2$ bestimmt.

Die Gerade g stellt den im Bildraum liegenden Zentralriß von g^0 und eine gemeinsame Unisekante der Kubiken g_1, g_2 dar. Der dem Punkt $Q_1 = G_1$ in $\mathfrak{B}$ zugeordnete Punkt Q_2 liegt auf der Kubik g_2; umgekehrt stellt der dem Punkt $R_2 = G_2$ in $\mathfrak{B}$ entsprechende Punkt R_1 einen Punkt der Kubik g_1 dar. Je einen weiteren Punkt P_1, P_2 der beiden Kubiken erhält man, indem man irgendeinen von G_1, G_2 verschiedenen Punkt P der Geraden g als Zentralriß eines Punktes P^0 von g^0 ansieht und die Hypernetzbilder P_1, P_2 von P^0 gemäß Nr. 3 konstruiert. Die zur Darstellung dieser Punkte erforderlichen Hilfskonstruktionen sind in Abb. 4 nicht eingetragen; sind die Kurven durch je drei Punkte und drei Bisekanten bestimmt, so können sie nach den bekannten Methoden der projektiven Geometrie vervollständigt werden. Die Geraden $a_1 \ldots c_2$ sind in Abb. 4 durch ihre Spurpunkte $A \ldots C$ und ihre Schichtenpunkte $A_1 \ldots C_2$ dargestellt; überdies sind ihre Schnittpunkte mit den Kubiken g_1, g_2 hervorgehoben. Die in π liegenden Spurpunkte beider Kurven sind durch D, E, F bezeichnet.

Hinsichtlich der Darstellung von *Geraden besonderer Lage* kann kurz folgendes gesagt werden:

1. Wenn g^0 *eine Festebene (etwa α^0) oder die gemeinsame Transversalebene $\bar{\alpha}^0$ der drei Festebenen schneidet*, so besteht das eigentliche Hypernetzbild von g^0 aus *zwei perspektiv liegenden Kegelschnitten* ($n = 2$, $r = 4$). Im ersten Fall gehören die Kegelschnitte *zwei perspektiv liegenden Ebenen* α_1, α_2 *der Büschel* a_1, a_2 an; sie entsprechen einander daher in der *quadratischen Netzverwandtschaft* $\mathfrak{B}_a$, die $\mathfrak{B}$ zwischen den Feldern α_1, α_2 hervorruft (Nr. 2). Im zweiten Fall laufen die Ebenen der Kegelschnitte durch keine Hauptgerade der Verwandtschaft $\mathfrak{B}$; die Kegelschnitte treffen *die vier Hauptgeraden ihrer Systeme in je einem Punkt*. In beiden Fällen besitzen alle zueinander windschiefen Geraden der Quadrik, die die Kegelschnitte zum Zweispurenbild hat, *die gleichen Hypernetzbilder*. Wenn g^0 die in der Spurhyperebene Σ_1^0 liegende Quadrik φ_1^0, deren Zentralriß die Hauptquadrik φ_1 ist, *in einem Punkt schneidet*, so ist das eigentliche erste Hypernetzbild von g^0 ein *Kegelschnitt*, der die Geraden a_1, b_1, c_1 einfach schneidet; das zweite Hypernetzbild ist eine *Raumkurve dritter Ordnung* mit den Bisekanten a_2, b_2, c_2, die den Hauptkegelschnitt k_2 in einem Punkte trifft ($n = 2$, $r = 3$ bzw. $n = 3$, $r = 7$).

2. Wenn g^0 *zwei der vier Ebenen* α^0, β^0, γ^0, $\bar{\alpha}^0$ *schneidet, so besteht das eigentliche Hypernetzbild von* g^0 *aus zwei Geraden* g_1, g_2 ($n = 1$, $r = 2$). Die gemeinsamen Treffgeraden zweier Festebenen (etwa α^0, β^0) werden auf *die perspektiv liegenden Strahlenpaare der Netze abgebildet, die die Bildspurgeraden jener Ebenen zu Leitlinien haben*. Alle Geraden, die derselben Transversalebene von α^0, β^0 angehören, besitzen *die gleichen Hypernetzbilder*; die Zentren der sie bestimmenden Perspektivitäten sind die Punkte der Ebenen, die perspektiv liegende Netzstrahlen miteinander verbinden. Tritt an die Stelle einer der Festebenen deren Transversalebene, so treten an die Stelle der Netze die *Felder der Bildspurebenen jener Hyperebene, die die genannten Ebenen enthält*. Wenn die Gerade g^0 die in der Spurhyperebene $\Sigma_1{}^0$ liegende *Quadrik* $\varphi_1{}^0$ *in einem Punkt schneidet und überdies der Ebene* α^0 *oder* $\bar{\alpha}^0$ *angehört, so ist das eigentliche erste Hypernetzbild von* g^0 *eine Gerade, die* a_1 *oder* $\bar{a}_1$ *schneidet; das zweite Hypernetzbild ist ein Kegelschnitt, der die Gerade* a_2 *zweifach und die Hauptlinien* b_2, c_2, k_2 *je einfach schneidet* oder aber *alle fünf Hauptlinien von* Σ_2 *in je einem Punkt trifft* ($n = 1$, $r = 1$ bzw. $n = 2$, $r = 5$). Jede Gerade g^0 schließlich, die die Quadrik $\varphi_1{}^0$ in *zwei* Punkten schneidet, gehört der Spurhyperebene $\Sigma_1{}^0$ an; ihr eigentliches erstes Hypernetzbild ist eine *Gerade* g_1, ihr zweites Hypernetzbild ist die g_1 in $\mathfrak{B}$ zugeordnete Kurve g_2, also i. a. *eine Kubik, die die vier ordentlichen Hauptlinien von* Σ_2 *je zweifach schneidet* ($n = 1$, $r = 0$ bzw. $n = 3$, $r = 8$). Alle übrigen Sonderfälle sind aus dem Gesagten abzuleiten.

Zusammenfassend stellen wir sohin fest

Satz 4: *Die Hypernetzbilder einer Geraden des R_4 sind i. a. zwei perspektiv liegende Raumkurven dritter Ordnung, die die ordentlichen Hauptgeraden ihrer Systeme zu Bisekanten haben. Die Treffgeraden einer Festebene des Hypernetzes oder der gemeinsamen Transversalebene dieser Ebenen werden auf perspektiv liegende Kegelschnitte abgebildet, die gemeinsamen Treffgeraden von zweien dieser Ebenen auf Geradenpaare. Die einfachen Treffgeraden einer bestimmten, in einer Spurhyperebene liegenden Quadrik werden auf einen Kegelschnitt und eine Raumkurve dritter Ordnung bzw. eine Gerade und einen Kegelschnitt abgebildet, je nachdem sie allgemeine Lage besitzen oder eine der obgenannten Ebenen* schneiden. *Die Geraden einer Spurhyperebene werden in einem Hypernetzbild durch Gerade dargestellt, im andern durch die Kurven, die den Geraden in der Verwandtschaft $\mathfrak{V}$ entsprechen.*

5. Die Hypernetzbilder von Ebenen. Alle Strahlen des durch die Ebenen α^0, β^0, γ^0 bestimmten Hypernetzes $\mathfrak{M}^0$, die *eine Ebene allgemeiner Lage* δ^0 schneiden, sind *gemeinsame Treffgerade der vier Ebenen* α^0, β^0, γ^0, δ^0. Sie bilden eine *Hyperfläche dritter Ordnung* Ψ^0, deren Eigenschaften bekannt sind[9]; wir beschreiben im folgenden nur die *Darstellung der Hyperfläche nach dem Zweispurenprinzip.* Durch jeden Punkt P^0 von δ^0 läuft eine Erzeugende von Ψ^0, nämlich der mit P^0 inzidente Hypernetzstrahl p^0. Jede Hyperebene Λ^0, die keine der vier Ebenen enthält, schneidet Ψ^0 in einer *algebraischen Fläche dritter Ordnung* δ_s^0; jeder ebene Schnitt von Ψ^0 oder δ_s^0 ist eine algebraische Kurve dritter Ordnung. Jede Erzeugende p^0 von Ψ^0, die der Hyperebene Λ^0 nicht angehört, schneidet diese in einem Punkte P_s^0 der Fläche δ_s^0. Die Geraden a^0, b^0, c^0, d^0, in denen Λ^0 die Ebenen α^0, β^0, γ^0, δ^0 schneidet, liegen auf δ_s^0, desgleichen die gemeinsamen Treffgeraden u^0, v^0 dieser vier Geraden. Jede Hyperebene Λ^0 des Büschels α^0 schneidet Ψ^0 nach einer *zerfallenden Fläche dritter Ordnung* δ_s^0: Wenn Λ^0 die gemeinsame Transversalebene $\bar{\alpha}^0$ von α^0, β^0, γ^0 nicht enthält, so zerfällt δ_s^0 *in die Ebene* α^0 *und die Quadrik* φ_s^0, die durch die in Λ^0 liegenden Geraden b^0, c^0, d^0 der Ebenen β^0, γ^0, δ^0 bestimmt ist. Enthält Λ^0 die Ebene $\bar{\alpha}^0$, so zerfällt δ_s^0 in *drei Ebenen*; nämlich α^0, $\bar{\alpha}^0$ und die Ebene $\bar{\delta}^0$, die den Schnittpunkt $\bar{A}^0$ der Ebenen β^0, γ^0 mit der Schnittgeraden von Λ^0 und δ^0 verbindet. Die Geraden $\bar{a}^0$, $\bar{d}^0$, in denen die Ebenen $\bar{\alpha}^0$, $\bar{\delta}^0$ die Hyperebene Λ^0 treffen, gehören daher der in Λ^0 liegenden Fläche δ_0^0 an und bilden im Verein mit der Geraden $a^0 = [\Lambda^0 \alpha^0]$ *den vollständigen Schnitt dieser Fläche mit der durch sie bestimmten Ebene.*

Die gemeinsamen Treffgeraden von vier Ebenen α^0, β^0, γ^0, δ^0 des R_4 schneiden bekanntlich *noch eine fünfte Ebene* ε^0 und diese fünf Ebenen heißen *assoziiert*; die Punkte, in denen jede der vier Ebenen die gemeinsame Transversalebene der drei übrigen trifft, gehören der

---

[9] Vgl. z. B. die in Fußn. 1 zit. Abh. oder Enz. der math. Wiss., Band III C 7, Nr. 2.

Ebene ε^0 an [9]. Alle Erzeugenden der durch α^0, β^0, γ^0, δ^0 bestimmten Hyperfläche Ψ'^0 treffen daher auch die Ebene ε^0; die in der Hyperebene Λ^0 liegende Schnittfläche δ_s^0 von Ψ'^0 enthält die Schnittgerade e^0 von Λ^0 und ε^0. Betrachtet man an Stelle der Ebenen α^0, β^0, γ^0 *irgend drei* der fünf Ebenen α^0, β^0, γ^0, δ^0, ε^0 als Festebenen eines Hypernetzes, so bleibt die Hyperfläche Ψ'^0 ungeändert; ihre Erzeugenden stellen somit *die gemeinsamen Strahlen der so definierten zehn Hypernetze* dar. Wendet man die vorstehenden Beziehungen auf alle diese Hypernetze an, so erkennt man, daß die Hyperfläche Ψ'^0 die *Transversalebenen von je dreien der fünf Ebenen* enthält, daß also die kubische Fläche δ_s^0 *die in Λ^0 liegenden Geraden dieser Ebenen trägt*. Wir gelangen auf diese Weise zu 15 Geraden von δ_s^0: Fünf liegen in den Ebenen α^0, β^0, γ^0, δ^0, ε^0; die übrigen zehn in den erwähnten gemeinsamen Transversalebenen von je dreien der fünf Ebenen. Wir bezeichnen die Transversalebenen der Ebenentripel wie $\alpha^0\beta^0\gamma^0$, $\beta^0\gamma^0\delta^0$ ... (in zyklischer Vertauschung) durch $\bar{\alpha}^0$, $\bar{\beta}^0$ ...; die Transversalebenen der Ebenentripel wie $\alpha^0\beta^0\delta^0$, $\beta^0\gamma^0\varepsilon^0$ ... durch $\breve{\alpha}^0$, $\breve{\beta}^0$ ... und die in Λ^0 liegenden Geraden dieser Ebenen in analoger Weise durch $\bar{a}^0$, $\bar{b}^0$ ... bzw. $\breve{a}^0$, $\breve{b}^0$ ... usw. Die gemeinsamen Treffgeraden u^0, v^0 von a^0, b^0, c^0, d^0 schneiden auch e^0; die übrigen zehn Geraden von δ_s^0 gehören den Ebenen an, die je eine der Geraden a^0, b^0, c^0, d^0, e^0 mit u^0 oder v^0 verbinden. Die erstgenannten 15 Geraden sind stets reell, die letztgenannten 10 nur dann, wenn die Geraden u^0, v^0 reell sind.

Gehört die Ebene δ^0 den Spurhyperebenen Σ_1^0, Σ_2^0 nicht an, so haben diese Hyperebenen gegenüber der Hyperfläche Ψ'^0 allgemeine Lage; die oben abgeleiteten Beziehungen gelten daher unmittelbar für die in Σ_1^0, Σ_2^0 liegenden Schnittflächen δ_1^0, δ_2^0 von Ψ'^0 sowie deren im Bildraum liegenden Zentralrisse δ_1, δ_2. Die Ebene δ^0 wird also durch das Zweispurenprinzip *auf zwei perspektiv liegende Flächen dritter Ordnung δ_1, δ_2 abgebildet*; die in π liegende Spurkurve beider Flächen ist eine algebraische Kurve dritter Ordnung s. Die *27 Geraden der Fläche δ_1* sind: Die Bildspurgeraden a_1, b_1, c_1, d_1, e_1 der Ebenen α^0, β^0, δ^0, ε^0; die Bildspurgeraden $\bar{a}_1$, $\bar{b}_1$, $\bar{c}_1$, $\bar{d}_1$, $\bar{e}_1$ der Ebenen $\bar{\alpha}^0$, $\bar{\beta}^0$, $\bar{\gamma}^0$, $\bar{\delta}^0$, $\bar{\varepsilon}^0$; die Bildspurgeraden $\breve{a}_1$, $\breve{b}_1$, $\breve{c}_1$, $\breve{d}_1$, $\breve{e}_1$ der Ebenen $\breve{\alpha}^0$, $\breve{\beta}^0$, $\breve{\gamma}^0$, $\breve{\delta}^0$, $\breve{\varepsilon}^0$; die gemeinsamen Treffgeraden u_1, v_1 von a_1, b_1, c_1, d_1, e_1; die Geraden

$a_1{}^u$, $b_1{}^u$, $c_1{}^u$, $d_1{}^u$, $e_1{}^u$, die in den Verbindungsebenen von a_1, b_1, c_1, d_1, e_1 mit u_1 liegen und schließlich die Geraden $a_1{}^v$, $b_1{}^v$, $c_1{}^v$, $d_1{}^v$, $e_1{}^v$, die den Verbindungsebenen von a_1, b_1, c_1, d_1, e_1 mit v_1 angehören. Die 27 Geraden der Fläche δ_2 sind in analoger Weise definiert; die Flächen δ_1, δ_2 entsprechen einander in der in Nr. 2 beschriebenen kubischen Verwandtschaft $\mathfrak{V}$. Da δ_1 die Hauptgeraden a_1, b_1, c_1 des Systems Σ_1 enthält, so zerfällt die Gesamtfläche 9. Ordnung, die δ_1 in $\mathfrak{V}$ zugeordnet ist, in die drei Quadriken $\varphi_2{}^a$, $\varphi_2{}^b$, $\varphi_2{}^c$, die den genannten Geraden entsprechen *und in die Fläche* δ_2. Je zwei Punkte P_1, P_2 der Flächen δ_1, δ_2, die einander in $\mathfrak{V}$ zugeordnet sind, stellen eine Erzeugende p^0 von Ψ'^0 und wegen Nr. 3 *die Hypernetzbilder des Punktes* $P^0 = [p^0\, \delta^0]$ dar. Die Flächen δ_1, δ_2 sind daher (bei Zugrundelegung des durch die Ebenen α^0, β^0, γ^0 bestimmten Hypernetzes $\mathfrak{M}^0$) *die Hypernetzbilder der Ebene* δ^0 *und zugleich die der Ebene* ε^0. Wir können somit sagen:

Satz 5: *Die Ebenen des R_4 lassen sich auf die Paare der kubischen Flächen des Bildraums beziehen, die einander in der kubischen Verwandtschaft $\mathfrak{V}$ entsprechen; jedes Flächenpaar stellt ein Ebenenpaar des R_4 dar.*

Wenn die Ebenen α^0, β^0, γ^0, δ^0 durch ihre Bildspurgeraden a_1, a_2; b_1, b_2; c_1, c_2; d_1, d_2 gegeben sind, so erhält man *beliebige Punkte* der Flächen δ_1, δ_2, indem man irgendeinen nicht auf d_1 oder d_2 liegenden Punkt P der Ebene $\delta = d_1 d_2$ als Zentralriß eines Punktes P^0 der Ebene δ^0 ansieht und die Hypernetzbilder von P^0 gemäß Nr. 3 konstruiert.

Die *Darstellung der 27 Geraden von* δ_1 ist in Abb. 5 gezeigt; die in π liegenden Spurpunkte der gegebenen Geradenpaare sind A, B, C, D (die Geraden sind wie in den vorhergehenden Abb. durch ihre Spur- und Schichtenpunkte dargestellt).

1. Vier Gerade sind die Bildspurgeraden a_1, b_1, c_1, d_1 der Ebenen α^0, β^0, γ^0, δ^0.

2. Vier weitere Gerade sind die Bildspurgeraden $\bar{a}_1$, $\breve{a}_1$, $\bar{b}_1$, $\breve{c}_1$ der *Transversalebenen* $\bar{\alpha}^0$, $\breve{\alpha}^0$, $\bar{\beta}^0$, $\breve{\gamma}^0$ der vier Ebenentripel $\alpha^0 \beta^0 \gamma^0$, $\alpha^0 \beta^0 \delta^0$, $\beta^0 \gamma^0 \delta^0$, $\gamma^0 \delta^0 \alpha^0$. Die Ebenen werden auf die in Nr. 2 beschriebene Art und Weise dargestellt; die in π liegenden Spurpunkte der genannten Geraden sind die Punkte $\bar{A}$, $\breve{A}$, $\bar{B}$, $\breve{C}$.

3. Sechs Gerade sind die Bildspurgeraden $\breve{b}_1$, $\bar{c}_1$, $\bar{d}_1$, $\breve{d}_1$, $\bar{e}_1$, $\breve{e}_1$ der Transversalebenen $\breve{\beta}^0$, $\bar{\gamma}^0$, $\bar{\delta}^0$, $\breve{\delta}^0$, $\bar{\varepsilon}^0$, $\breve{\varepsilon}^0$ der sechs Ebenentripel $\beta^0 \gamma^0 \varepsilon^0$,

$\gamma^0\,\delta^0\,\varepsilon^0$, $\delta^0\,\varepsilon^0\,\alpha^0$, $\delta^0\,\varepsilon^0\,\beta^0$, $\varepsilon^0\,\alpha^0\,\beta^0$, $\varepsilon^0\,\alpha^0\,\gamma^0$. Jede der unter 1. genannten vier Geraden schneidet drei der unter 2. genannten und in jeder der so bestimmten zwölf Ebenen liegt noch eine dritte Gerade von δ_1; diese Gerade gehört zwei der zwölf Ebenen an und ist somit als Schnittgerade dieser Ebenen darstellbar. Die Geradentripel, die in den genannten Ebenen liegen, sind die ersten zwölf der untenstehenden Tabelle:

$a_1\,\bar{a}_1\,\bar{d}_1$	$b_1\,\bar{b}_1\,\bar{e}_1$	$c_1\,\breve{c}_1\,\bar{b}_1$	$d_1\,\breve{a}_1\,\bar{c}_1$	$e_1\,\bar{e}_1\,\bar{c}_1$
$a_1\,\breve{c}_1\,\bar{e}_1$	$b_1\,\breve{a}_1\,\bar{b}_1$	$c_1\,\bar{a}_1\,\bar{c}_1$	$d_1\,\bar{b}_1\,\bar{d}_1$	$e_1\,\breve{b}_1\,\bar{d}_1$
$a_1\,\breve{a}_1\,\breve{e}_1$	$b_1\,\bar{a}_1\,\breve{d}_1$	$c_1\,\bar{b}_1\,\breve{e}_1$	$d_1\,\breve{c}_1\,\breve{d}_1$	$e_1\,\breve{e}_1\,\breve{d}_1$

Die Geraden $\bar{b}_1$, $\bar{c}_1$, $\bar{d}_1$, $\breve{d}_1$, $\bar{e}_1$, $\breve{e}_1$ sind, wie der Tabelle zu entnehmen ist, die Schnittgeraden der Ebenenpaare

$b_1\,\breve{a}_1$	$c_1\,\bar{a}_1$	$a_1\,\bar{a}_1$	$b_1\,\bar{a}_1$	$a_1\,\breve{c}_1$	$a_1\,\breve{a}_1$
$c_1\,\breve{c}_1$	$d_1\,\breve{a}_1$	$d_1\,\breve{b}_1$	$d_1\,\breve{c}_1$	$b_1\,\bar{b}_1$	$c_1\,\bar{b}_1$;

ihre Spurpunkte $\bar{B}$, $\bar{C}$, $\bar{D}$, $\breve{D}$, $\bar{E}$, $\breve{E}$ ergeben sich durch den Schnitt der in π liegenden Spuren je zweier dieser Ebenen.

4. Eine Gerade ist *die Bildspur* e_1 *von* ε^0. Da ε^0 die sechs Ebenen, deren Bildspurgeraden die unter 3. genannten Geraden von δ_1 sind, nach je einer Geraden schneidet und diese sechs Geraden paarweise in drei Ebenen liegen, so ergibt sich e_1 als Schnittgerade dieser drei, in obiger Tabelle zuletzt angeführten Ebenen; der Spurpunkt E von e_1 ist der Schnittpunkt der Geraden $\bar{E}\,\bar{C}$, $\breve{B}\,\bar{D}$, $\breve{E}\,\breve{D}$. Ermittelt man in derselben Weise die zweiten Bildspurgeraden der unter 2. und 3. angeführten Ebenen, so gelangt man zur Bildspur e_2 von ε^0. Damit ist zugleich die Aufgabe gelöst, *fünf assoziierte Ebenen nach dem Zweispurenprinzip darzustellen.*

5. Zwei Gerade sind die gemeinsamen Treffgeraden u_1, v_1 von a_1, b_1, c_1, d_1, die nach den bekannten Methoden der projektiven Geometrie (z. B. als gemeinsame Erzeugende der durch die Geradentripel $a_1\,b_1\,c_1$, $a_1\,b_1\,d_1$ bestimmten Quadriken) festgelegt werden können; ihre Spurpunkte sind U, V.

6. Zehn Gerade sind die durch $a_1^u \ldots e_1^v$ bezeichneten; jede dieser Geraden gehört einer der zehn Ebenen $a_1 u_1 \ldots e_1 v_1$ an. Die Geraden a_1^u, a_1^v, die a_1 schneiden, treffen die vier der unter 2. und 3. genannten Geraden, die zu a_1 windschief sind; nach der ersten Tabelle

also die Geraden $\bar{b}_1$, $\breve{b}_1$, $\bar{c}_1$, $\breve{d}_1$. Zur Darstellung der Geraden $a_1{}^u$, $a_1{}^v$ hat man demnach nur die Ebenen $a_1 u_1$, $a_1 v_1$ mit irgend zwei der Geraden $\bar{b}_1$, $\breve{b}_1$, $\bar{c}_1$, $\breve{d}_1$ zum Schnitt zu bringen und in derselben Weise erhält man die übrigen acht Geraden. Die Spurpunkte der Geraden $a_1{}^u \ldots e_1{}^v$ sind die Punkte $A^u \ldots E^v$.

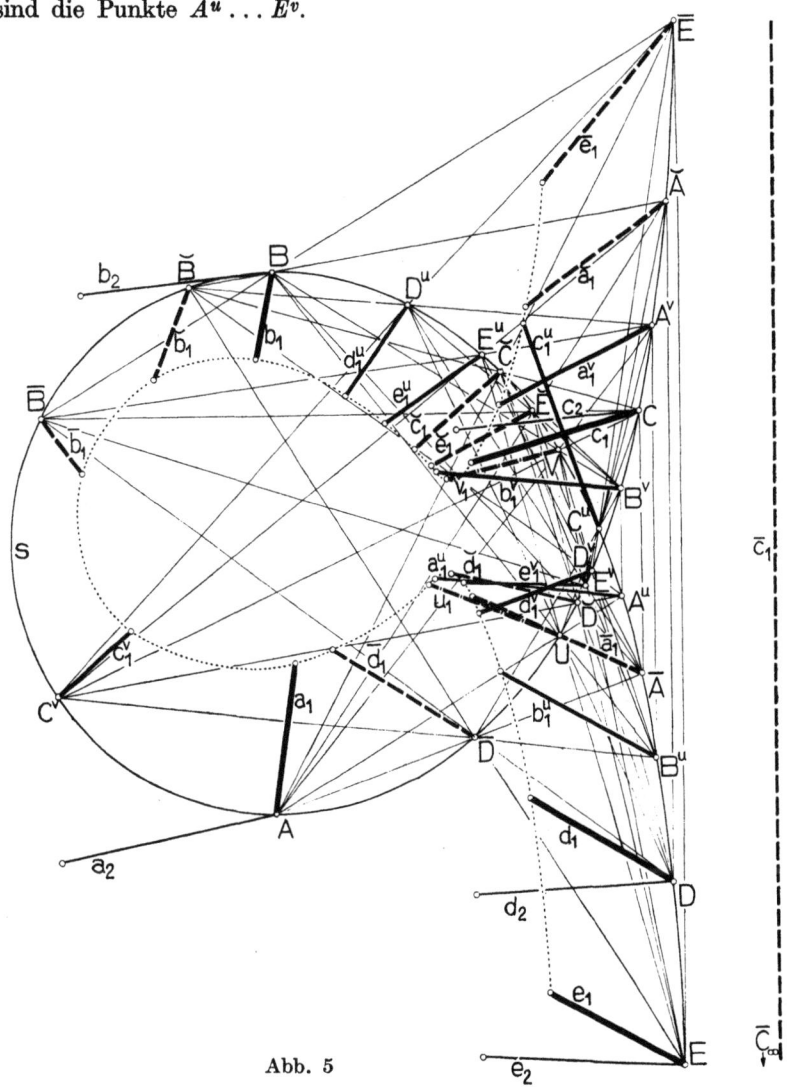

Abb. 5

Die in π liegende *Spurkurve* von δ_1 ist eine algebraische Kurve dritter Ordnung s, die durch die Spurpunkte der Geraden von δ_1 läuft; bei der in Abb. 5 gewählten Annahme ist s eine symmetrische Kurve mit Wendeasymptote. Die Normalrisse aller Geraden von δ_1 sowie die Spurpunkte und die Normalrisse der Schichtenpunkte von 26 Geraden liegen auf der Zeichenfläche, eine Gerade $(\bar{c})$ ist zu π parallel; die Raumlage aller Geraden ist nach Wahl der Schichtenhöhe bestimmt. Elementare Hilfskonstruktionen sind in Abb. 5 nicht eingetragen, dagegen sind die charakteristischen Lagenbeziehungen der 27 Geraden und ihrer 45 Verbindungsebenen hervorgehoben: Jede Gerade schneidet zehn andere und diese liegen paarweise in fünf Ebenen; in jedem der 27 Spurpunkte schneiden sich also fünf Gerade, deren jede noch die Spurpunkte zweier weiterer Geraden trägt. Drei der fünf Ebenen, die mit einer der fünf Geraden $a_1 \ldots e_1$ inzident liegen, sind die unter 3. genannten, die beiden anderen enthalten u_1 und v_1. Die übrigen 20 Ebenen sind die untenstehenden:

$a_1{}^u \bar{b}_1 e_1{}^v$	$b_1{}^u \bar{c}_1 a_1{}^v$	$c_1{}^u \bar{d}_1 b_1{}^v$	$d_1{}^u \bar{e}_1 c_1{}^v$	$e_1{}^u \bar{a}_1 d_1{}^v$
$a_1{}^u \breve{b}_1 d_1{}^v$	$b_1{}^u \breve{c}_1 e_1{}^v$	$c_1{}^u \breve{d}_1 a_1{}^v$	$d_1{}^u \breve{e}_1 b_1{}^v$	$e_1{}^u \breve{a}_1 c_1{}^v$
$a_1{}^u \bar{c}_1 b_1{}^v$	$b_1{}^u \bar{d}_1 c_1{}^v$	$c_1{}^u \bar{e}_1 d_1{}^v$	$d_1{}^u \bar{a}_1 e_1{}^v$	$e_1{}^u \bar{b}_1 a_1{}^v$
$a_1{}^u \breve{d}_1 c_1{}^v$	$b_1{}^u \breve{e}_1 d_1{}^v$	$c_1{}^u \breve{a}_1 e_1{}^v$	$d_1{}^u \breve{b}_1 a_1{}^v$	$e_1{}^u \breve{c}_1 b_1{}^v$

Auf die Beschreibung der Hypernetzbilder von Ebenen, die gegenüber den Festebenen α^0, β^0, γ^0 oder den Spurhyperebenen $\Sigma_1{}^0$, $\Sigma_2{}^0$ besondere Lage besitzen, sei hier nicht mehr eingegangen. Im ersten Fall besteht das eigentliche Hypernetzbild von δ^0 aus *zwei Quadriken* oder *zwei Ebenen*; im zweiten Fall ist das erste Hypernetzbild eine *Ebene* δ_1, das zweite ist die δ_1 in $\mathfrak{B}$ zugeordnete *Fläche* δ_2. Falls δ_2 von der dritten Ordnung ist, so ergeben sich die 27 Geraden dieser Fläche mit Hilfe der Verwandtschaft $\mathfrak{B}$ in bekannter Weise: 6 Gerade entsprechen den Schnittpunkten von δ_1 mit den Hauptlinien von Σ_1, 15 Gerade entsprechen den Verbindungsgeraden je zweier dieser sechs Punkte und die restlichen 6 Geraden sind den Kegelschnitten zugeordnet, die durch je fünf der sechs Punkte bestimmt sind.

Zusammenfassend sei somit festgestellt:

Satz 6: *Die Hypernetzbilder einer Ebene des R_4 sind i. a. zwei perspektiv liegende Flächen dritter Ordnung und diese Flächen stellen zugleich die*

Hypernetzbilder einer zweiten Ebene dar; die beiden Ebenen sind mit den drei das Hypernetz bestimmenden Ebenen assoziiert. Von den 27 Geraden der Flächen sind 15 unter allen Umständen reell; diese Geraden sind die Bildspuren der fünf assoziierten Ebenen und der gemeinsamen Transversalebenen von je dreien derselben. Die übrigen 12 Geraden sind reell oder konjugiert imaginär, je nachdem die gemeinsamen Treffgeraden der im gleichen Bildsystem liegenden Bildspuren der fünf Ebenen reell sind oder nicht. Die eigentlichen Hypernetzbilder von Ebenen, die eine oder zwei der Festebenen nach einer Geraden schneiden, sind Quadriken oder Ebenen. Die Ebenen, die einer Spurhyperebene angehören, werden in einem Hypernetzbild durch Ebenen dargestellt; im andern durch die Flächen, die diesen Ebenen in der Verwandtschaft $\mathfrak{V}$ zugeordnet sind.

GPSR Compliance

The European Union's (EU) General Product Safety Regulation (GPSR) is a set of rules that requires consumer products to be safe and our obligations to ensure this.

If you have any concerns about our products, you can contact us on

ProductSafety@springernature.com

In case Publisher is established outside the EU, the EU authorized representative is:

Springer Nature Customer Service Center GmbH
Europaplatz 3
69115 Heidelberg, Germany

www.ingramcontent.com/pod-product-compliance
Ingram Content Group UK Ltd.
Pitfield, Milton Keynes, MK11 3LW, UK
UKHW022233230426
12048UKWH00017BA/1239